鬥智擂台

金牌數獨 ①

謝道台　林敏舫　編著

新雅文化事業有限公司

www.sunya.com.hk

目錄

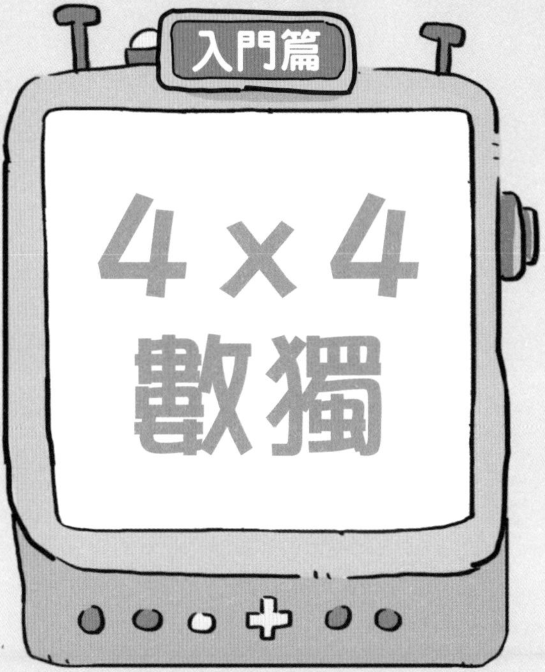
入門篇
4 x 4
數獨

4 × 4 數獨的遊戲規則

4×4 數獨謎題共有 16 個格子，有 4 個橫行，4 個直行和 4 個宮（2×2 格子），遊戲規則如下：

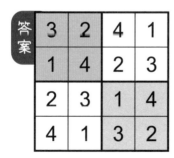

題目

3			1
		2	
	3		
4			2

在空格內填上數字 1 至 4，使得每個數字在每一橫行、每一直行，以及每個宮（2×2 格子）內都只出現一次。

↓

答案

3	2	4	1
1	4	2	3
2	3	1	4
4	1	3	2

在進行數獨遊戲前，你需要注意以下的規則：

1. 同一橫行內的數字不能重複。

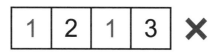

1	2	1	3	✗

3	4	2	1	✓

2. 同一直行內的數字不能重複。

1	
2	
3	
2	✗

4	
2	
1	
3	✓

3. 同一宮內的數字不能重複。

1	2		
3	1		

✗

2	3		
1	4		

✓

那麼，我們應該如何通過邏輯推理去判斷該填上什麼數字呢？大家可從以下幾個方向思考。

1. 要從哪處開始填數字？

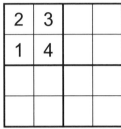

3		✗	1
		2	3
	3		
4			2

請觀察右上角綠色的宮，這裏已有數字 1 和 2，所以剩下兩個空格就只可填上 3 和 4。而因為第橫行已經出現了數字 3，所以在綠色的宮內就只能在右下角的格子裏填上3。

2. 空格內可以填哪個數字？

3			1
		2	3
	③		
④	1		②

請觀察粉紅色的格子，由於該橫行中已有數字2和4，而第二直行已經出現了數字3，所以在這裏只能填上1。

3. 先處理只剩下一個空格的橫行或直行。

3			1
		2	3
	3		4
4	1		2

橙色的直行只剩下一個空格。因為已出現了數字1、2和3，所以這個格子只能填上4。

4. 只要依照上述三點來思考，就可以輕鬆完成餘下的空格了。

3	2	4	1
1	4	2	3
2	3	1	4
4	1	3	2

　　在填完所有空格後，記得再次檢查在各橫行、各直行和各宮內都沒有重複的數字，才算是成功解題。

　　小朋友，快來接受挑戰，完成以下的數獨練習吧！

Q1

完成時間：＿＿＿＿＿＿＿

		4	
		3	1
1	3		
	4		

小提示：

記得先處理只剩下一個空格的宮、橫行或直行。請看一看哪些宮格只剩下一個空格呢？

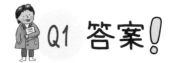

Q1 答案！

3	1	4	2
4	2	3	1
1	3	2	4
2	4	1	3

完成時間：＿＿＿＿＿＿＿＿＿

1	4	3	
	3	4	1

小提示：

先從第一橫行入手，這裏仍缺一個數字。想一想，在數字1至4中，還有哪一個數字沒有出現過呢？

Q2 答案！

1	4	3	2
3	2	1	4
4	1	2	3
2	3	4	1

Q3 ?

完成時間：＿＿＿＿＿＿＿

	2	1	
			4
2			
	3	4	

💡 小提示：

在第一橫行，剩下「3」和「4」沒有出現，而最右邊
的第四直行已經出現過「4」了。由於同一橫行的數字
不能重複，故第一橫行的兩個空格便可以確定下來。

Q3 答案!

4	2	1	3
3	1	2	4
2	4	3	1
1	3	4	2

完成時間：＿＿＿＿＿＿＿＿＿

			3
		2	4
3	1		
4			

💡 小提示：

左下角和右上角的宮都只剩下一個空格了，請先把它們填上正確的數字。

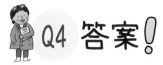

Q4 答案!

2	4	1	3
1	3	2	4
3	1	4	2
4	2	3	1

Q5 ?

完成時間：________________

		4	
	2	3	
	3	2	
	4		

小提示：

在第二直行中，缺少了 1 至 4 中的哪一個數字呢？

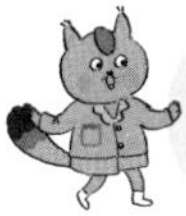

Q5 答案!

3	1	4	2
4	2	3	1
1	3	2	4
2	4	1	3

Q6 ?

完成時間：________________

4			1
		3	
	4		
1			3

小提示：

在盤面中，還沒有出現過「2」。只要先找出哪一個空格所在的橫行、直行和宮已經出現過「1」、「3」和「4」，就可以在該格內填上「2」了。

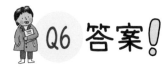

Q6 答案！

4	3	2	1
2	1	3	4
3	4	1	2
1	2	4	3

Q7

完成時間：______________

			3
	3	4	
	1	2	
2			

小提示：

第二橫行還沒有出現「1」和「2」。先觀察第一直行「2」的位置，就能確認該橫行「2」的位置了。

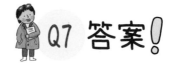 Q7 答案！

4	2	1	3
1	3	4	2
3	1	2	4
2	4	3	1

Q8 ?

完成時間：________________

		2	
3			4
1			2
	3		

小提示：

第一直行還沒有出現「2」和「4」，由於第一橫行已經有「2」，那麼我們就可以確定「4」的位置了。

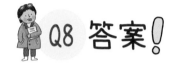

Q8 答案！

4	1	2	3
3	2	1	4
1	4	3	2
2	3	4	1

Q9 ?

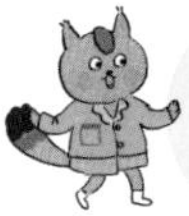

完成時間：______________

	2	4	
	1		
		1	
	4	2	

小提示：

第二直行和第三直行均只剩下一格，我們就可以從這些地方開始入手。

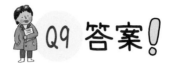

Q9 答案！

3	2	4	1
4	1	3	2
2	3	1	4
1	4	2	3

Q10?

完成時間：＿＿＿＿＿＿＿

3	1		
4			
			3
		2	4

💡 小提示：

左上角的宮和右下角的宮均只剩下一格，不妨先從它
們入手。

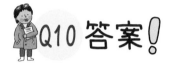

Q10 答案!

3	1	4	2
4	2	3	1
2	4	1	3
1	3	2	4

Q11

完成時間：＿＿＿＿＿＿＿＿

		4	
3		2	
	3		4
	1		

小提示：

在左下角的宮，剩下「2」和「4」沒有出現，而第三橫行已經有「4」了，這就可以確定填上「2」和「4」的位置了。

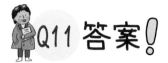

Q11 答案!

1	2	4	3
3	4	2	1
2	3	1	4
4	1	3	2

Q12

完成時間：＿＿＿＿＿＿＿＿

			4
1	4		
		4	3
4			

💡 小提示：

右上角的宮雖然有三個空格，但是我們可以從這裏開始入手。因為在第二橫行已經有「1」，我們就可以確定在右上角宮內「1」的位置了。

Q12 答案!

3	2	1	4
1	4	3	2
2	1	4	3
4	3	2	1

Q13?

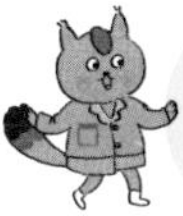

完成時間：________________

3			
	2		1
2		1	
			4

小提示：

左上角的宮剩下「1」和「4」沒有填，我們可以根據第二橫行的「1」來確定它們的位置。

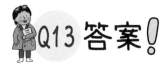

Q13 答案!

3	1	4	2
4	2	3	1
2	4	1	3
1	3	2	4

Q14?

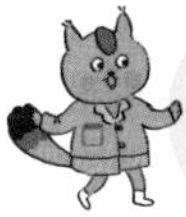

完成時間：＿＿＿＿＿＿＿＿

3			
1		3	
	1		3
			4

小提示：

找一找，在左下角宮內的「4」可以填在哪個空格裏？

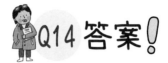

Q14 答案!

3	2	4	1
1	4	3	2
4	1	2	3
2	3	1	4

Q15？

完成時間：________________

	4		2
1			
			3
4		2	

小提示：

先從左上角的宮入手。根據第一橫行的「2」和「4」，以及第一直行出現的「1」和「4」，故最左上角的空格只能填上「3」。

Q15 答案！

3	4	1	2
1	2	3	4
2	1	4	3
4	3	2	1

Q16 ❓

完成時間：＿＿＿＿＿＿＿＿＿

		1	
	3		4
3		4	
	4		

💡 小提示：

盤面中已經出現了三次「4」，先找出最後一個「4」可以填在哪個空格裏？

Q16 答案！

4	2	1	3
1	3	2	4
3	1	4	2
2	4	3	1

Q17?

完成時間：________________

			1
	2		
		3	
4			

小提示：

先從左上角的宮入手。在第一橫行已經有「1」，第二直行有「2」，第一直行也有「4」，因此可以確定「3」的位置。

Q17 答案！

3	4	2	1
1	2	4	3
2	1	3	4
4	3	1	2

Q18

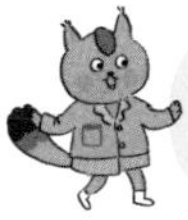

完成時間：________________

	2		4
1		3	

小提示：

先從第二橫行和第三橫行入手，找出第二橫行「1」和「3」的位置。

Q18 答案!

4	1	2	3
3	2	1	4
1	4	3	2
2	3	4	1

Q19?

完成時間：＿＿＿＿＿＿＿＿＿

4	**1**		
		2	**4**

💡 小提示：

雖然右上角的宮沒有數字，但是我們從第二橫行、第三橫行兩個「4」的位置，推斷出右上角宮內「4」的位置。

45

Q19 答案！

3	2	4	1
4	1	3	2
1	3	2	4
2	4	1	3

Q20?

完成時間：________________

	2		
		1	
	4		
		2	

小提示：

左上角的宮沒有「1」，但是第二橫行已經出現過「1」，所以就可以確定左上角宮內「1」的位置了。

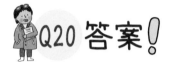

Q20 答案!

1	2	4	3
4	3	1	2
2	4	3	1
3	1	2	4

Q21?

完成時間：________________

		4	
3			
			1
	1		

小提示：

第一橫行雖然還有三個空格，但是我們可以從這裏入手。在第二直行和第四直行都有出現「1」，故可以推斷出第一橫行「1」的位置。

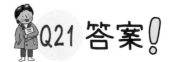

Q21 答案!

1	2	4	3
3	4	1	2
4	3	2	1
2	1	3	4

Q22

完成時間：＿＿＿＿＿＿＿＿

2			
		3	
	4		
			3

小提示：

先從第一橫行入手。在第三直行和第四直行都有出現「3」，故可以推斷出第一橫行「3」的位置。

Q22 答案!

2	3	1	4
4	1	3	2
3	4	2	1
1	2	4	3

Q23

完成時間：＿＿＿＿＿＿＿＿＿＿

		4	3
1	4		

💡小提示：

先從第一橫行入手。在第一直行已經有「1」，故可以確定第一橫行中「1」和「2」的位置。

Q23 答案!

2	1	4	3
4	3	2	1
3	2	1	4
1	4	3	2

Q24 ❓

完成時間：＿＿＿＿＿＿＿＿

	2		
			3
1			
		4	

💡 小提示：

找一找，在左上角宮內的「1」可以填在哪個空格裏？

Q24 答案!

3	2	1	4
4	1	2	3
1	4	3	2
2	3	4	1

Q25 ?

完成時間：＿＿＿＿＿＿＿＿

4			
			1
2			
			4

 小提示：

找一找，在右上的角宮內「4」可以填在哪個空格裏？

Q25 答案！

4	1	3	2
3	2	4	1
2	4	1	3
1	3	2	4

基礎篇
6 x 6
數獨

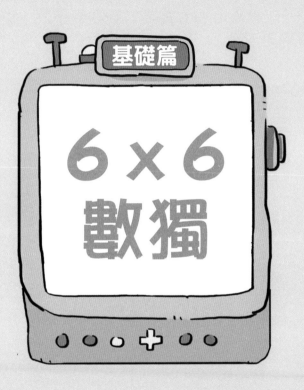

6x6數獨的遊戲規則

　　6x6 數獨謎題共有 36 個格子，有 6 個橫行，6 個直行和 6 個宮（2x3 格子），遊戲規則如下：

題目

6				1	4
	5		6		
	2				
				3	
		1		5	
3	6				2

　　在空格內填入數字 1 至 6，使得每個數字在每一橫行、每一直行，以及每個宮（2 x 3 格子）內都只出現一次。

答案

6	3	2	5	1	4
1	5	4	6	2	3
5	2	3	4	6	1
4	1	6	2	3	5
2	4	1	3	5	6
3	6	5	1	4	2

　　小朋友，快來接受挑戰，完成以下的數獨練習吧！

Q26

完成時間：________

		1	2		
6	5			4	3
1					4
3					2
2	1			6	5
		6	3		

小提示：

盤面上有出現了三次「1」，想一想，剩下的三個「1」應該填在哪個格子裏？

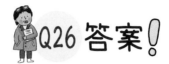

Q26 答案!

4	3	1	2	5	6
6	5	2	1	4	3
1	2	5	6	3	4
3	6	4	5	1	2
2	1	3	4	6	5
5	4	6	3	2	1

Q27?

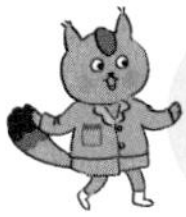

完成時間：________________

1			3		2
	2			1	
4		3	5		
		5	4		3
	3			5	
5		2			6

小提示：

找一找，第三直行的「1」可以填在哪個空格裏？

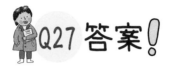

Q27 答案!

1	5	6	3	4	2
3	2	4	6	1	5
4	6	3	5	2	1
2	1	5	4	6	3
6	3	1	2	5	4
5	4	2	1	3	6

Q28?

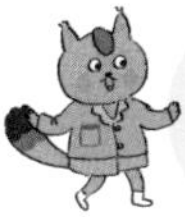

完成時間：________________

3		6			1
	4		3	2	
	1				4
4				3	
	5	4		1	
6			5		2

小提示：

從左下角的宮入手，找一找「1」可以填在哪個空格裏？

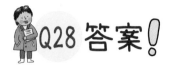

Q28答案!

3	2	6	4	5	1
1	4	5	3	2	6
5	1	3	2	6	4
4	6	2	1	3	5
2	5	4	6	1	3
6	3	1	5	4	2

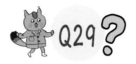

Q29?

完成時間：＿＿＿＿＿＿＿＿

3				5	1
5			6		
	6	1	2		
		5	1	4	
		3			2
6	5				4

小提示：

從右上角的宮入手，找一找「2」可以填在哪個空格裏？

Q29 答案!

3	2	6	4	5	1
5	1	4	6	2	3
4	6	1	2	3	5
2	3	5	1	4	6
1	4	3	5	6	2
6	5	2	3	1	4

Q30 ?

完成時間：＿＿＿＿＿＿＿＿

	1	2	3		
			4		2
6	5				3
1				5	4
5		1			
		6	5	4	

💡小提示：

找一找，第一橫行的「4」可以填在哪個空格裏？

Q30 答案！

4	1	2	3	6	5
3	6	5	4	1	2
6	5	4	1	2	3
1	2	3	6	5	4
5	4	1	2	3	6
2	3	6	5	4	1

Q31?

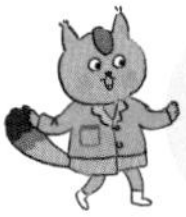

完成時間：________

	1		6	3	
6		4			2
2				6	
	6				5
4			1		6
	5	6		4	

小提示：

觀察左下角的宮，先找出「1」可以填在哪個空格裏？

Q31 答案！

5	1	2	6	3	4
6	3	4	5	1	2
2	4	5	3	6	1
3	6	1	4	2	5
4	2	3	1	5	6
1	5	6	2	4	3

Q32?

完成時間：________________

		1	6	4	
6	5			3	
1					2
5					6
	1			2	4
	2	5	1		

小提示：

盤面上有出現了四次「1」，想一想，剩下的兩個「1」可以填在哪個空格裏？

Q32 答案!

2	3	1	6	4	5
6	5	4	2	3	1
1	6	3	4	5	2
5	4	2	3	1	6
3	1	6	5	2	4
4	2	5	1	6	3

Q33

完成時間：_____

	4				1	
1		3			2
		5	3	6	
	6	4	2		
5				4		6
	2			3	

💡 小提示：

從左邊中間的宮開始，先找出剩下的「1」可以填在
哪個空格裏？

75

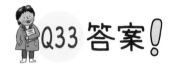

Q33 答案！

6	4	2	5	1	3
1	5	3	6	4	2
2	1	5	3	6	4
3	6	4	2	5	1
5	3	1	4	2	6
4	2	6	1	3	5

Q34?

完成時間：＿＿＿＿＿＿＿＿

1			2		3
		4	5		
6	3			5	
	4			6	1
		2	6		
4		3			5

小提示：

在第一橫行中仍未有「4」、「5」和「6」。在第五直行中，已經出現了「5」和「6」，故在第五直行的第一格就只能填「4」。

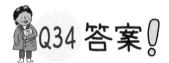

Q34 答案!

1	5	6	2	4	3
3	2	4	5	1	6
6	3	1	4	5	2
2	4	5	3	6	1
5	1	2	6	3	4
4	6	3	1	2	5

Q35?

完成時間：________________

		6	3	4	
1			6		
3	2				6
6				5	3
		3			2
	6	2	1		

小提示：

盤面上有出現了五次「6」，想一想，剩下的「6」可以填在哪個空格裏？

Q35 答案！

2	5	6	3	4	1
1	3	4	6	2	5
3	2	5	4	1	6
6	4	1	2	5	3
4	1	3	5	6	2
5	6	2	1	3	4

Q36

完成時間：＿＿＿＿＿＿＿＿＿

	4			2	
2		5			3
	1		4		
		2		6	
5			6		4
	3			1	

💡 小提示：

從右上角的宮開始，先找出「6」可以填在哪個空格
裏？

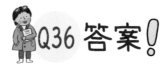

Q36 答案！

1	4	3	5	2	6
2	6	5	1	4	3
3	1	6	4	5	2
4	5	2	3	6	1
5	2	1	6	3	4
6	3	4	2	1	5

Q37?

完成時間：＿＿＿＿＿＿＿＿

			1		
		2	6		4
6	1			3	
	5			6	1
3		1	2		
		5			

小提示：

從左上角的宮和右下角的宮開始，先找出「1」可以分別填在哪個空格裏？

Q37 答案！

5	4	6	1	2	3
1	3	2	6	5	4
6	1	4	5	3	2
2	5	3	4	6	1
3	6	1	2	4	5
4	2	5	3	1	6

Q38

完成時間：________________

		1	4		
	5			1	
1		5			2
3			5		1
	2			6	
		4	3		

小提示：

先找出第六橫行的「1」可以填在哪個空格裏？

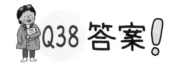

Q38 答案!

2	3	1	4	5	6
4	5	6	2	1	3
1	4	5	6	3	2
3	6	2	5	4	1
5	2	3	1	6	4
6	1	4	3	2	5

Q39?

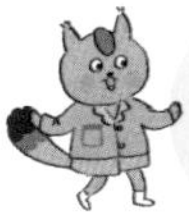

完成時間：________________

5			2		3
		1	5		
	1			2	
	3			6	
		2	6		
4		3			2

小提示：

找一找，在左上角的宮「3」可以填在哪個空格裏？

Q39 答案!

5	4	6	2	1	3
3	2	1	5	4	6
6	1	4	3	2	5
2	3	5	4	6	1
1	5	2	6	3	4
4	6	3	1	5	2

Q40?

完成時間：____________

	1	4	6		
					3
2		5			1
6			4		5
1					
		3	5	1	

小提示：

找一找，在左上角的宮「3」可以填在哪個空格裏？

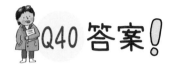

Q40 答案!

3	1	4	6	5	2
5	6	2	1	4	3
2	4	5	3	6	1
6	3	1	4	2	5
1	5	6	2	3	4
4	2	3	5	1	6

Q41?

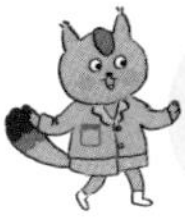

完成時間：____________

	4				
		2	5		1
	1			2	
	2			3	
1		4	6		
				1	

小提示：

先從右上角宮入手，找出「1」可以填在哪個空格裏？

Q41 答案!

5	4	1	2	6	3
3	6	2	5	4	1
6	1	3	4	2	5
4	2	5	1	3	6
1	3	4	6	5	2
2	5	6	3	1	4

Q42?

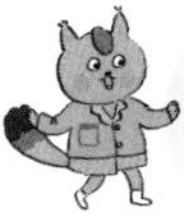

完成時間：________________

		1	2		
3		4			
2					1
4					6
			1		4
		5	3		

小提示：

先從第一直行入手，找出「1」和「5」可以填在哪個空格裏？

Q42 答案!

5	6	1	2	4	3
3	2	4	6	1	5
2	5	6	4	3	1
4	1	3	5	2	6
6	3	2	1	5	4
1	4	5	3	6	2

Q43?

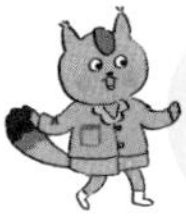

完成時間：________________

	1				
6				5	2
1			3		
		5			4
4	2				6
				4	

小提示：

先從右上角的宮入手，找出「1」可以填在哪個空格裏？

Q43 答案!

5	1	2	4	6	3
6	4	3	1	5	2
1	6	4	3	2	5
2	3	5	6	1	4
4	2	1	5	3	6
3	5	6	2	4	1

Q44 ❓

完成時間：＿＿＿＿＿＿＿＿＿＿

	4			6	
1		6			2
				3	
	2				
3			6		1
	6			5	

💡 小提示：

先從左下角的宮入手，找出「1」可以填在哪個空格裏？

Q44 答案！

5	4	2	1	6	3
1	3	6	5	4	2
4	1	5	2	3	6
6	2	3	4	1	5
3	5	4	6	2	1
2	6	1	3	5	4

Q45 ?

完成時間：＿＿＿＿＿＿＿＿＿＿

	1	3		4	
5					6
					3
2					
4					5
	5		1	2	

💡 小提示：

先從第一橫行入手，該橫行已出現過「1」、「3」和「4」，而第一直行已有「5」和「2」，所以左上角這一格只能填上「6」。

Q45 答案！

6	1	3	5	4	2
5	4	2	3	1	6
1	6	4	2	5	3
2	3	5	4	6	1
4	2	1	6	3	5
3	5	6	1	2	4

Q46?

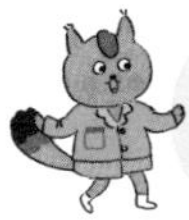

完成時間：＿＿＿＿＿＿＿＿

					1
		5	4	6	
	1			3	
	6			4	
	5	6	3		
2					

小提示：

先從左上角的宮入手，找出「1」可以填在哪個空格裏？

Q46 答案!

6	4	3	5	2	1
1	2	5	4	6	3
5	1	4	2	3	6
3	6	2	1	4	5
4	5	6	3	1	2
2	3	1	6	5	4

Q47?

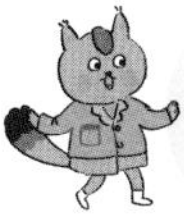

完成時間：＿＿＿＿＿＿＿＿

				4	
1			6		
	6		1		
		2		3	
		3			2
	4				

小提示：

先從右上角的宮入手，找出「1」可以填在哪個空格裏？

Q47 答案!

5	3	6	2	4	1
1	2	4	6	5	3
3	6	5	1	2	4
4	1	2	5	3	6
6	5	3	4	1	2
2	4	1	3	6	5

Q48?

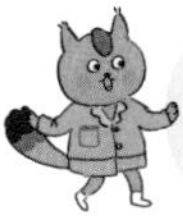

完成時間：________________

					2
		3	5		
	3			2	
	5			1	
		4	6		
1					

小提示：

先從左下角的宮入手，找出「3」可以填在哪個空格裏？

Q48 答案!

5	4	6	1	3	2
2	1	3	5	6	4
6	3	1	4	2	5
4	5	2	3	1	6
3	2	4	6	5	1
1	6	5	2	4	3

Q49 ?

完成時間：_____

		1			
			2		
	4				1
2				3	
		3			
			5		

💡 **小提示：**

先從右上角的宮入手，找出「1」可以填在哪個空格裏？

Q49 答案!

6	2	1	3	5	4
5	3	4	2	1	6
3	4	5	6	2	1
2	1	6	4	3	5
4	5	3	1	6	2
1	6	2	5	4	3

Q50 ?

完成時間：＿＿＿＿＿＿＿＿＿＿

1					
			3		2
	2				
				5	
6		1			
					4

💡小提示：

先從右上角的宮入手，找出「1」可以填在哪個空格裏？

Q50 答案!

1	3	2	6	4	5
4	6	5	3	1	2
5	2	6	4	3	1
3	1	4	2	5	6
6	4	1	5	2	3
2	5	3	1	6	4

《鬥智擂台》系列

謎語挑戰賽 1

謎語挑戰賽 2

謎語過三關 1

謎語過三關 2

IQ 鬥一番 1

IQ 鬥一番 2

IQ 鬥一番 3

金牌數獨 1

金牌數獨 2

金牌語文大
比拼：字詞
及成語篇

金牌語文大
比拼：詩歌
及文化篇

鬥智擂台
金牌數獨 ①

編　　著：謝道台　林敏舫
繪　　圖：胡舒勇
責任編輯：胡頌茵
美術設計：蔡學彰
出　　版：新雅文化事業有限公司
香港英皇道 499 號北角工業大廈 18 樓
電話：(852) 2138 7998
傳真：(852) 2597 4003
網址：http://www.sunya.com.hk
電郵：marketing@sunya.com.hk
發　　行：香港聯合書刊物流有限公司
香港荃灣德士古道 220-248 號荃灣工業中心 16 樓
電話：(852) 2150 2100
傳真：(852) 2407 3062
電郵：info@suplogistics.com.hk
印　　刷：中華商務彩色印刷有限公司
香港新界大埔汀麗路 36 號
版　　次：二〇二〇年六月初版
二〇二四年六月第四次印刷

原書名：《中國少年兒童智力挑戰全書：看圖玩數獨 1》
本書經由浙江少年兒童出版社有限公司獨家授權中文繁體版在香港、澳門地區出版發行。

ISBN: 978-962-08-7541-0